Ueber die

# Bildung der festen Körper.

Von

H. F. Link,

Mitgliede der Königl. Akademie der Wissenschaften zu Berlin und anderer Gelehrter Gesellschaften.

Berlin, 1841.

Verlag von Veit und Comp.

# DE LA FORMATION

# DES CORPS SOLIDES.

Par

**H. F. LINK,**

Membre de l'Academie Roy. des Sciences de Berlin et de plusieurs autres Academies litteraires.

**BERLIN, 1841.**

CHEZ VEIT & COMP.

# Vorrede.

Meine Beschäftigungen mit der Anatomie der Pflanzen haben mich auf die mikroskopischen Untersuchungen der Niederschläge geführt, und ich habe einige Beobachtungen gemacht, die mir werth scheinen, den Physikern vorgelegt zu werden. Ein Vorläufer dieser Abhandlung ist in Poggendorf's Annalen der Physik und Chemie, Bd. 46. S. 258 erschienen. Ich habe einige andere Versuche hinzugefügt, und eine Theorie über den Ursprung der festen Körper, die ich schon vor vielen Jahren gegeben habe, und die durch meine neuern Versuche erst ihre Begründung erhalten hat. Diese Abhandlung war für die Propyläen der Physik bestimmt, die den Propyläen der Naturgeschichte von 1839 folgen sollen, aber ich weiß noch nicht, wann sie erscheinen werden.

# PRÉFACE.

Mes occupations pour l'anatomie des plantes m'ont conduit à l'examen microscopique des précipités et j'ai fait quelques observations, qui me paroissent dignes d'être proposées aux Physiciens. Un avant coureur de ce Mémoire a paru dans les Annales de Physiquc et de Chimie de Mr. Poggendorff T. 46. p. 258. J'ai ajouté quelques autres expériences et une théorie sur l'origine des corps solides, que j'ai donnée il y a dejà long tems, mais qui a reçu une base solide par ces nouvelles observations. Ce Mémoire etoit destiné pour les Propylées de la Physique, qui doivent suivre les Propylées d'Histoire naturelle, livre publié en 1839, mais je ne sais pas encore, quand ils paroitront.

# Die
# Entstehung der festen Körper.

# L'ORIGINE DES CORPS SOLIDES.

## I.

## Die festen Körper, wenn sie anfangen sich zu bilden, sind in einem tropfbar flüssigen Zustande.

Die festen Körper bilden sich unter unsern Augen auf eine dreifache Weise. Zuerst durch das Verdampfen der Flüssigkeit, worin sie aufgelöst waren, zweitens durch Erkältung derselben, drittens durch Zusatz eines andern Körpers, durch Niederschlag. In den beiden ersten Fällen ist es ohne Zweifel, daß der feste Körper zuerst in einem flüssigen Zustande war und daß er in den festen überging, ohne eine Aenderung in seiner Mischung zu erleiden. In dem letzten Falle aber entsteht er durch eine solche Veränderung, durch eine chemische Verbindung. Da die Theilchen der Niederschläge sehr fein sind, so schien es mir nothwendig, sie mikroskopisch zu untersuchen, um ihren ersten Zustand zu erkennen, wozu ich mich eines Plössel'schen Mikroskops bediente, und zwar gewöhnlich einer Vergrößerung von 600mal im Durchmesser.

Ehe ich die Versuche anführe, wodurch bewiesen wird, daß alle feste Körper sich zuerst in einem tropfbar-flüssigen Zustande befinden, muß ich ein Kennzeichen angeben, woran man die Flüssigkeit und Festigkeit dieser kleinen Theilchen erkennt. Dieses Kennzeichen besteht darin, daß die tropfbar-flüssigen Körper Tropfen, kugelförmige Körper bilden, die sich vereinigen, wenn

# I.

# LES COPRS SOLIDES, QUAND ILS COMMENCENT A SE FORMER, SONT DANS UN ÉTAT LIQUIDE.

Les corps solides se forment sous nos yeux, de trois manières. 1°. par l'evaporation du fluide dans lequel ils sont disouts; 2°. par le refroidissement de ce fluide; 3°. par la précipitation, si l'on ajoute une autre substance qui produit cet effet. Il est clair, que les corps dissouts sont dans un état liquide et qu'ils deviennent solides, sans changer de composition. Mais dans la précipitation il se fait une combinaison chimique et par consequent un changement de composition. Comme les particules des précipités sont très petites, il falloit se servir d'un microscope pour les bien observer, et j'ai employé à cet effet un microscope de Ploessel et un grossissement de 600 fois de diamètre.

Avant de citer les experiences qui prouvent que tous les corps commencent par être liquides, il faut chercher un caractère, qui sert à faire connoitre si les particules des précipités sont solides on liquides. Ce caractère est facile à trouver; les corps liquides forment des gouttes, de petits globules, qui se réunissent, quand ils viennent à se toucher. Les corps solides peuvent

sie mit einander in Berührung kommen. Die festen Körper hingegen können zwar auch kugelförmige Theilchen haben, aber diese bleiben immer getrennt und vereinigen sich niemals, wenn sie in Berührung mit einander kommen.

Wir wollen zuerst von den mineralischen Körpern reden, und zwar zuerst von einem Mineral, welches sich in so großer Menge auf dem Erdboden befindet, daß zusammenhängende und hohe Gebirge dadurch gebildet werden.

## Kohlensaurer Kalk.

Vers. 1. Zu einer Auflösung von Chlorcalcium wurde eine Auflösung von kohlensaurem Natrum getropft, bei einer Temperatur von 20° C. Es entstand ein Niederschlag der sogleich, im ersten Augenblicke, untersucht, aus Kugeln bestand, zwar von etwas verschiedener Größe, jedoch alle sehr klein, von ungefähr 0,00003 Millimeter im Durchmesser. Fig. 1.

Nach drei Minuten waren die Kügelchen meistens größer geworden, so daß die größten 0,00015 Millimeter im Durchmesser hatten. Man sah deutlich, wie die kleinern Kügelchen sich zu größern vereinigten und vereinigt hatten. Fig. 2.

Nach sechs Minuten waren die Kügelchen wie vorher zum Theil zusammengegangen, zum Theil aber hatten sie sich geordnet, wie Fig. 3 a., und zwischen ihnen befanden sich viele prismatische (Arragonit) Krystalle, Fig. 3 b. Ein Krystall Fig. 3 c. zeigt noch deutlich seinen Ursprung aus Kügelchen.

Nach funfzehn Minuten waren die Kügelchen zum Theil sehr groß geworden, wie Fig. 4. zeigt. In diesem Zustande blieb der Niederschlag noch ziemlich lange.

Dieser Versuch ist gar oft bei einer Temperatur von 17—20° C. wiederholt worden, auch so, daß die Auflösung von Chlorcalcium in eine Auflösung von kohlensaurem Natrum getropft

aussi former des globules, mais ceux ci restent toujours séparés, et ne se réunissent jamais.

Nous commencerons par les mineraux et nous parlerons premièrement d'un fossile qui se trouve dans une si grande quantité sur la terre, qu'il forme des montagnes très hautes et très étendues.

## CARBONATE DE CHAUX.

***Exper.* 1.** J'ai versé dans une solution de muriate de chaux (chloride de calcium) une solution de carbonate de soude par gouttes. Il se fit un precipité, qui examiné dans le premier moment étoit composé de petits globules de differentes grandeurs mais tous très petits, car ils n'avoient que 0,00003 millim. de diamètre. F. 1.

Après trois minutes presque tous les globules étoient devenus plus grands, de manière, que les plus grands avoient 0,00015 mill. de diam. On voyoit très distinctement, que les petits globules s'étoient réunis, pour former des globules plus grands f. 2.

Après six minutes les globules s'étoint réunis en partie, comme auparavant, mais en partie ils s'étoient arrangés en files; v. f. 3. a. et en même tems on voyoit beaucoup de cristaux prismatiques (cristaux d'arragonite) f. 3. b. Un cristal, f. 3. c. fait voir distinctement, qu'il est composé de globules.

Après 15 minutes les globules étoient devenus très grands, comme on voit fig. 4. Dans cet état le précipité restoit assez long temps.

Cette experience a été repetée très souvent à une

wurde. In allen Versuchen war der Erfolg derselbe, nur mit dem Unterschiede, daß nicht immer Arragonitkrystalle wie Fig. 3 b. entstanden, sondern sehr oft sogar in den meisten Fällen Rhomboëder, die deutlich aus Kugeln entstanden waren. Fig. 5. Läßt man den Niederschlag in einer geringen Temperatur von 12—16° längere Zeit, selbst einige Tage stehen, so werden die meisten Kugeln wie Fig. 4. sehr groß, verändern sich aber weiter nicht.

Herr G. Rose hat die merkwürdige Entdeckung gemacht, daß es auf die Temperatur ankomme, ob man aus den Auflösungen von Chlorcalcium und kohlensaurem Ammoniak durch Vermengung, oder aus einer Auflösung von kohlensaurem Kalk in kohlensaurem Wasser Arragonit oder Kalkspat erhält. (S. Poggendorf's Annalen d. Physik u. Chemie. Bd. 42. S. 353.) In dieser Rücksicht stellte ich folgende Versuche an:

Vers. 2. Es wurde dieselbe Mischung wie Vers. 1. aber bei einer Temperatur von 10° C. gemacht. Die Kügelchen gingen zusammen wie vorher; es entstanden nach sechs Minuten noch keine Arragonitkrystalle, wohl aber nach einer Viertelstunde Rhomboëder. Dieses geschah, wenn man den Niederschlag in derselben Temperatur untersuchte. Brachte man ihn aber sogleich nach seiner Entstehung in eine Temperatur von 20° C., so erhielt man zuerst ziemlich viele Arragonitkrystalle, nachher aber Rhomboëder in Menge.

Vers. 3. Dieselben Auflösungen, wie Vers. 1. aber siedend heiß zusammengegossen, gaben zusammenlaufende Kügelchen wie gewöhnlich, aber schon nach einer Minute eine Menge Arragonitkrystalle.

Diese Versuche bestätigten im Ganzen Rose's Beobachtung, daß in höherer Temperatur Arragonitkrystalle, in einer geringen

temperature de 17 — 20° C. On a versé la solution de carbonate de soude dans une solution de muriate de chaux, et vice versa. Dans toutes ces expériences le resultat étoit le même, excepté que les cristaux n'étoient pas toujours des cristaux prismatiques, mais très souvent des rhomboëdres, f. 5. Si le précipité reste plus long temps et même plusieurs jours dans une temperature de 12—16° C. les globules deviennent très grands fig. 4., mais ils ne se changent plus.

Mr. G. Rose a fait un belle observation, il a vu, qu'il depend de la temperature, si le carbonate de chaux crystallise en prismes ou en rhomboëdres, quand on fait un mélange des solutions de muriate de chaux et de carbonate d'ammoniaque. V. Poggendorff, Annal. d. Phys. u. Chem. T. 42. p. 353.

*Exper.* 2. Le même mélange comme dans l'exp. 1. fut fait à une temperature de 10° C. Les globules se réunissoient comme dans l'exp. 1.; après six minutes il n'y avoit pas encore des cristaux prismatiques, mais après un quart d'heure on voyoit beaucoup de rhomboëdres. C'étoit toujours le résultat, si l'on examinoit le précipité à la même temperature, mais si l'on le mettoit tout de suite dans une autre endroit à 20° C., on obtenoit des cristaux d'arragonite dans une assez grande quantité et après ce temps là beaucoup de rhomboëdres.

*Exper.* 3. Les mêmes solutions comme dans exp. 1. furent melées ensemble, mais chauffées à 100 C. On voyoit des globules qui se réunissoient, comme à l'ordinaire, et après une minute beaucoup de cristaux d'arragonite.

Ces expériences confirment en général l'observation

Rhomboëder entstehen. Da Rose seine Versuche mit einer Auflösung von Chlorcalcium und kohlensaurem Ammoniak gemacht hatte, so wiederholte ich solche Versuche.

Vers. 4. In eine Auflösung von Chlorcalcium wurde eine Auflösung von kohlensaurem Ammoniak (Liq. Ammonii carb. Ph. bor.) getropft, bei 15—20° C; der Niederschlag, sehr bald untersucht, bestand aus kleinen Kugeln. Eine Stunde unter Wasser bei derselben Temperatur gehalten, hatten sich die Kugeln fast durchaus in Rhomboëder verwandelt. Derselbe Erfolg war, wenn umgekehrt eine Auflösung von Chlorcalcium in eine Auflösung von kohlensaurem Ammoniak getropft wurde. Da der Uebergang aus Kugeln in Rhomboëder sich hier sehr schön zeigte, so habe ich eine Gruppe, Fig. 6., abbilden lassen.

Vers. 5. In eine siedendheiße Auflösung von Chlorcalcium wurde eine Auflösung von kohlensaurem Ammoniak von 50° C. gegossen und bei einer Temperatur von 20° C. untersucht. Die Kugeln waren sehr bald in lauter Rhomboëder verwandelt, zwischen denen sich eine Gruppe fand, die an beiden Enden in Arragonitkrystalle aufblühte, Fig. 7. Umgekehrt wurde eine siedendheiße Auflösung von Chlorcalcium in eine ebenfalls siedendheiße Auflösung von kohlensaurem Ammoniak gegossen. Hier entstanden sehr viele Büschel von Arragonitkrystallen, aber auch einige Rhomboëder.

Ich habe viele ähnliche Versuche mit salpetersaurem Kalk angestellt, die ganz ähnliche Erfolge gaben.

Die einfachste Art, kohlensauren Kalk zu erzeugen, ist, wenn man kohlensaures Gas in Kalkwasser gehen läßt.

de Mr. Rose, que les cristaux d'arragonite demandent plus de chaleur pour se former, que les rhomboëdres. Comme Mr. Rose avoit fait ses expériences avec des solutions de muriate de chaux et de carbonate d'ammoniaque, j'ai voulu les répeter de la même manière.

*Exper.* 4. J'ai ajouté à une solution de muriate de chaux quelques gouttes d'une solution de carbonate d'ammoniaque. La temperature étoit de 15—20° C. Le précipité, examiné un moment après sa formation, étoit composé entièrement de petits globules. Après une heure, la temperature étant la même, presque tous les globules étoient devenus rhomboëdres. Le résultat étoit le même, si l'on avoit versé la solution de muriate de chaux dans une solution de carbonate d'ammoniaque. Comme le passage des globules aux rhomboëdres étoit très marqué, je l'ai fait dessiner fig. 6.

*Exper.* 5. Une solution de carbonate d'ammoniaque chauffée à 50° C. fut ajoutée à une solution bouillante de muriate de chaux, et le précipité examiné à 20° C. Les globules se changeoient bientôt en rhomboëdres parmi lesquels il se trouvoit une groupe sur laquelle s'appuioient deux touffes de cristaux d'arragonite fig. 7. Quand on ajoutoit une solution bouillante de muriate de chaux à une solution bouillante de carbonate d'ammoniaque on obtenoit beaucoup de touffes de cristaux d'arragonite, mais aussi quelques rhomboëdres.

Je me suis servi du nitrate de chaux au lieu du muriate, pour les experiences de ce genre, avec le même succès.

La manière la plus simple de faire naitre le carbo-

Vers. 6. Ich ließ kohlensaures Gas bei der gewöhnlichen Temperatur von 20° C. in Kalkwasser gehen. Der Niederschlag, sehr bald untersucht, bestand aus Kugeln und einigen sehr kleinen Rhomboëdern. Als er eine Stunde lang in einer Wärme von 25—35° C. unter Wasser gestanden hatte, zeigte er mehr und größere Rhomboëder und nach 24 Stunden bestand er meistens aus Rhomboëdern. Es zeigten sich hier einige Ringe, Fig. 8 a., wie sie in der Kreide vorkommen und aus gepulverter Kreide, Fig. 8 b., vorgestellt sind. Diese Ringe hat Rose bereits gesehen (a. a. O. S. 354), und mit den Ringen verglichen, welche Ehrenberg in der Kreide zuerst beobachtete. Ein anderes Mal, als ich den Niederschlag nur in einer Wärme von 15 — 20° C. 24 Stunden stehen ließ, zeigten sich zwar sehr schöne Rhomboëder, aber keine Ringe.

Vers. 7. In siedendheißes Kalkwasser ließ ich kohlensaures Gas gehen. Zuerst Kugeln wie gewöhnlich, aber nach 6—8 Minuten setzten sich daraus sehr schöne Arragonitkrystalle an, die Fig. 9. vorgestellt sind. In der Temperatur des Zimmers, die 15—20° betrug, ließ ich den Niederschlag 24 Stunden stehen. Bei der Untersuchung waren die langen, spießigen Krystalle verschwunden und in kürzere und stumpfere verändert, die Kugeln hatten sich vergrößert. An einer Gruppe sah man deutlich ein Zerfallen in kugelartige Körper, die sich der rhomboëdrischen Gestalt näherten, Fig. 10. Nach fünf Tagen, wobei zuletzt die Flüssigkeit eingetrocknet war, hatten sich die Kugeln größtentheils in Rhomboëder verwandelt, Fig. 11.

Rose hat schon bemerkt, daß sich die Arragonitkrystalle in

nate de chaux c'est de faire passer le gas acide carbonique dans l'eau de chaux.

*Exper.* 6. Je fis donc passer ce gas dans l'eau de chaux à une temperature de 20° C. Le précipité examiné quelques minutes après, étoit composé de petits globules avec quelques rhomboëdres très petits. Lorsque je l'avois tenu une heure sous l'eau à une chaleur 25—30°, les rhomboëdres étoient dans une plus grande quantité et plus grands, et après 24 heures le précipité étoit presqu' entièrement composé de rhomboëdres. On voyoit aussi quelques anneaux fig. 8. a. comme on les voit dans la craie v. fig. 8. b. où ils sont représentés tels qu'on les trouve dans la craie pulverisée. Mr. Rose a dejà vu ces anneaux; il les a comparés aux anneaux, que Mr. Ehrenberg a observé dans la craié. Une autre fois, lorsque le precipité avoit été sous l'eau à 15—20° pendant 24 heures, on voyoit bien des rhomboëdres, mais point d'anneaux.

*Exper.* 7. Je fis passer du gas acide carbonique dans l'eau de chaux bouillante. D'abord on voyoit des globules comme à l'ordinaire, mais après 6—8 minutes de beaux cristaux d'arragonite s'étoient formés fig. 9. Je laissai le précipité pendant 24 heures dans une chambre chauffée à 15—20°. Après ce tems là, tous les cristaux prismatiques avoient disparus et l'on trouvoit à leur place des cristaux plus courts et moins pointus; les globules étoient devenus plus grands. Dans une grouppe de cristaux on voyoit très distinctement comme les cristaux à leur extremité tomboient en molecules presque globuleux, dont la figure se rapprochoit de celle des rhomboëdres fig. 10. Après cinq jours le pré-

Rhomboëder verwandeln und zwar nach acht Tagen. Die gegebene Figur 10. verbunden mit Fig. 11., zeigt den Uebergang. Ein solcher Uebergang läßt sich gar nicht denken, wenn man annimmt, daß die Krystalle durchaus fest waren. Wenn man hingegen annimmt, daß nur das Aeußere der Krystalle fest war, das Innere hingegen seine Flüssigkeit behalten hatte, so läßt sich die Veränderung der Krystalle nach ihrer Bildung wohl erklären.

Ungeachtet reiner Kalk sich nicht in der Natur findet, auch nicht krystallisirt vorkommt, so war es doch nöthig seine erste Bildung zu vergleichen.

Vers. 8. Zu einer Auflösung von Carrarischem Marmor in Salpetersäure setzte ich eine Auflösung von reinem Natrum (Liq. Natri caustici Ph. bor.) in der gewöhnlichen Temperatur von 15—20°. Es entstanden Kugeln die sehr bald groß wurden. Derselbe Niederschlag, aber aus Chlorcalcium, zeigte kleinere Kügelchen, die aber bald in Arragonitkrystalle und später in Rhomboëder übergingen, höchst wahrscheinlich durch ausgeathmete Kohlensäure.

## Schwefelsaurer Kalk, Gyps.

Vers. 9. Zu einer verdünnten Auflösung von Chlorcalcium wurden einige Tropfen concentrirte Schwefelsäure gesetzt und der Niederschlag sogleich untersucht. Es zeigten sich Kugeln, aber zugleich auch eine Menge Krystalle, die zum Theil von den Kugelhaufen ausgingen. Wenn die Untersuchung nicht sehr schnell geschieht, so findet man Alles in Krystalle verwandelt. Zuweilen geschieht die Verwandlung unter den Augen des Be-

cipité était devenu sec, et l'on y voyoit beaucoup de rhomboëdres f. 11.

Mr. Rose a dejà fait l'observation, que les cristaux d'arragonite se changent en rhomboëdres après hnit jours. Les figures 10. et 11. font voir comment ce changement se fait. Un tel changement est impossible, si les cristaux sont d'abord tout à fait solides. Mais si l'on suppose, que les cristaux sont liquides dans leur intérieur, et qu'ils n'ont qu'une croute solide ou plutôt tenace le changement s'explique assez bien.

Quoique la chaux pure ne se trouve pas parmi les mineraux, ni se cristallise jamais, j'ai pourtant voulu l'observer à sa naissance.

*Exper.* 8. J'ai melé la solution du marbre de Carrara dans l'acide nitrique, avec le liquor Natri caustici Pharmacop. bor. à une temperature de 15—20°. Des globules se formerent qui bientôt après devenoient plus grands. Le même précipité, mais produit par le muriate de chaux étoit composé de globules plus petits, qui se changeoient bientôt en cristaux prismatiques et puis en rhomboëdres, probablement par le gas acide carbonique qui se trouvait dans l'atmosphère.

## SULFATE DE CHAUX, GIPSE.

*Exper.* 9. Dans une solution étendue de muriate de chaux j'ai versé quelques gouttes d'acide sulfurique concentré. Le précipité fait examiné à l'instant. On voyoit des globules mais aussi beaucoup de cristaux prismatiques, dont plusieurs paroissoient sortir d'un amas de globules. Si l'on n'examine par le précipité très vite, tout est changé en cristaux. Quelquefois ce changement se fait

obachters und Herr G. Rose hat es so bei mir gesehen. Nach fünf Minuten hatte sich der Niederschlag in größere Krystalle verwandelt, die nach zwei Tagen insgesammt noch größer waren. Diese Krystalle konnten nur durch die Verbindung oder durch das Zusammenfließen vielmehr der halbflüssigen Krystalle entstanden sein, und nicht durch das Anziehen gleichartiger Theile aus der umgebenden Flüssigkeit, denn diese war nicht eine Auflösung von Gyps, sondern von Chlorcalcium.

Die Erfolge waren nicht vorhanden, wenn verdünnte Schwefelsäure genommen wurde, auch nicht, wenn man die Auflösungen erhitzte. Es entstanden ebenfalls sehr bald Krystalle, wenn man statt reiner Schwefelsäure, Auflösungen von schwefelsaurem Natrum oder Alaun nahm.

## Phosphorsaurer Kalk.

Vers. 10. Zu einer Auflösung von Chlorcalcium wurde eine Auflösung von phosphorsaurem Natrum gesetzt. Es entstand ein Niederschlag, der sich unter dem Vergrößerungsglase wie eine Gallerte zeigte, mit wenigen Körnern und Krystallen gemengt. Die Krystalle waren überhaupt prismatisch, sehr oft aber in Zwillinge, ja sogar in mehrfach zusammengesetzte übergegangen, woran nur die einspringenden Winkel zu erkennen waren; übrigens sah man keine Trennungslinie der Krystalle, so daß sie in einander geflossen erschienen. Fig. 6 u. 7.

## Oxalsaurer Kalk.

Vers. 11. Zu einer Auflösung von Chlorcalcium wurde Sauerkleesalz gesetzt. Der Niederschlag bestand aus ziemlich großen Kügelchen, die an einigen Stellen sehr deutlich in noch größere zusammengingen.

sous les yeux de l'observateur, et Mr. G. Rose là vu chez moi se former de cette manière. Après cinq minutes les cristaux étoient devenus plus grands et apres deux jours leur grandeur étoit encore augmentée. Cet aggrandissement ne pouvoit pas se faire par l'attraction des molécules de sulfate de chaux, pâr ce qu'il n'y en avoit plus dans la solution, il n'étoit dû qu'à une réunion des cristaux encore liquides ou du moins à démi fluides.

Les résultats étoient les mêmes, si je m'étois servi de l'acide sulfurique plus étendu dans l'eau, ou des sulfates de soude et d'alumine, et encore, si je melois ensemble les solutions bouillantes. Dans toutes ces expériences, les globules se changoient très vite en cristaux.

## PHOSPHATE DE CHAUX.

*Exper.* 10. Je melois une solution de muriate de chaux avec une solution de phosphate de soude. Il naissoit un precipité, qui vû par le microscope paroissoit gélatineux, mélé de quelques globules et de cristaux. Ces cristaux étoient en général prismatiques; mais très souvent ils étoient composés de deux où même de plusieurs cristaux dont on reconnoissoit les angles rentraus. On ne voyoit pas des lignes de separation entre les cristaux, ce qui prouve que la réunion s'étoit faite lorsqu'ils étoient encore dans un état fluide.

## OXALATE DE CHAUX.

*Exper.* 11. Une solution d'oxalate acidule de potasse fut mélée avec une solution de muriate de chaux. Il se forma un précipité composé d'assez grands globules qui

## Flußsaurer Kalk.

Vers. 12. In eine Auflösung von Chlorcalcium wurde Flußsäure getropft. Der Niederschlag sogleich untersucht zeigte größere und kleinere Kügelchen, die auch hie und da in eine schleimige Masse zusammengegangen waren. Fig. 12. Nach ein Paar Minuten sah man dazwischen kleine, prismatische Krystalle und kleine eckige Körner. Fig. 13. Nach 15 Minuten war derselbe Haufen unter den Augen des Beobachters ganz in größere prismatische, auch wie es schien, in oktaëdrische und in würflichte Krystalle übergegangen. Fig. 14.

## Kohlensaure Bittererde.

Vers. 13. Eine nicht ganz gesättigte Auflösung von schwefelsaurer Bittererde wurde von einer Auflösung von kohlensaurem Natrum niedergeschlagen, bei einer gewöhnlichen Temperatur von 20° C. Der Niederschlag zeigte sich wie eine Gallerte, worin kaum einige kleine Kügelchen zu sehen waren. Als aber beide Auflösungen bis zum Sieden erhitzt zusammengegossen wurden, sah man kleine und große Kügelchen in Menge.

## Basischschwefelsaure und kohlensaure Alaunerde.

Vers. 14. Eine gesättigte Auflösung von Alaun wurde durch eine Auflösung von kohlensaurem Natrum niedergeschlagen. Es entstand eine Gallerte bei der gewöhnlichen Temperatur von 20° C. Als aber beide Auflösungen siedendheiß zusammengegossen wurden, erschienen in der Gallerte sehr viele Kügelchen. Es verhielt sich also die Alaunerde in dieser Rücksicht völlig wie die Bittererde.

se réunissoient dans quelques endroits en globules encore plus grands.

## FLUATE DE CHAUX.

*Exper.* 12. J'ai versé de l'acide fluorique par gouttes dans une solution de muriate de chaux. Le précipité, examiné immediatement après sa naissance fit voir des globules plus ou moins grands, réunis en quelques endroits dans une masse gélatineuse fig. 12. Après deux minutes on y voyoit de petits cristaux prismatiques et des molécules anguleux fig. 13. Après quinze minutes le même précipité s'étoit changé tout à fait sous les yeux de l'observateur en cristaux prismatiques très grands, en octaëdres, comme il paroissoit, et en cubes fig. 14.

## CARBONATE DE MAGNÉSIE.

*Exper.* 13. Une solution de sulfate de Magnésie fut précipitée par une solution de carbonate de soude à une temperature de 20° C. Le précipité étoit gélatineux avec quelques globules en très petite quantité. Mais lorsque ces solutions furent mélées ensemble à 100° C. on voyoit des globules en grande quantité.

## SULFATE ET CARBONATE D'ALUMINE.

*Exper.* 14. Une solution concentrée d'alun fut précipitée par une solution de carbonate de soude à 20° C. Le précipité étoit gélatineux. Mais lorsque ces solutions furent mélées ensemble à 100° C., on voyoit des globules en grande quantité. L'alumine ressemble donc tout à fait à la magnésie à cet égard.

## Kieselerde oder Kieselsäure.

Vers. 15. Kieselsaures Kali (Kieselfeuchtigkeit) wurde durch Säuren niedergeschlagen. Alle Säuren gaben eine Gallerte, in der mehr oder weniger kleine Kügelchen zu erkennen waren. Die Kügelchen waren sehr klein, wenn der Niederschlag sogleich untersucht wurde, so daß sie nicht über ein Feld des Mikrometers hinausgingen. Als aber derselbe Niederschlag nach einer halben Stunde untersucht wurde, waren die Kügelchen nicht allein viel größer geworden, sondern sie waren auch hier und da in größere Massen zusammengegangen, besonders sah man sie an einander gereiht. Wenn die Auflösung von einem Mittelsalze, z. B. schwefelsaurer Bittererde oder Alaun mit der Kieselfeuchtigkeit vermischt wurde, entstand ebenfalls immer zuerst eine Gallerte.

In allen Fällen, wo eine Gallerte entsteht, sieht man deutlich, besonders an den Rändern, oder wo sie dünn aufgestrichen ist, daß sie aus sehr kleinen, dicht zusammengehäuften Kugeln besteht. Diese Kugeln vergrößern sich, wie gewöhnlich mit der Zeit und werden dann als solche sichtbar.

## Schwefel.

Vers. 16. Schwefelkalium in Wasser aufgelöst, wurde durch Salzsäure niedergeschlagen. Es zeigten sich sogleich Kügelchen, wovon ein jedes über ein Quadrat des Mikrometers, dessen Seite 0,00003 Millimeter betrug, nicht hinausging. Nach acht Minuten waren die Kügelchen so groß geworden, daß ein jedes ungefähr 2—3 Quadrate einnahm. Nach 45 Minuten hatten sie sich noch mehr vergrößert und ein jedes nahm 6—8 Quadrate ein, auch schienen sie etwas eckig.

Herr Fritzsche hat schon am sublimirten Schwefel die Be-

## TERRE SILICEUSE OU ACIDE SILICEUX.

*Exper.* 15. Le trisilicate de potasse (liquor silicum) précipité par plusieurs acides offroit une masse gélatineuse mélée de globules en différente quantité. Ces globules, examinés immédiatement après leur naissance, étoient très petits, de manière qu'ils n'occupoient pas encore un carré du micromètre. Mais le même précipité examiné après, faisoit voir ces globules beaucoup aggrandis et réunis par ci par là en masses assez grandes, et même arrangés en files La solution d'un sel neutre p. e. de sulfate de magnésie, ou d'alumine mélée avec le liquor silicum donnoit aussi une masse gélatineuse au commencement.

Dans tous les cas, où le précipité forme une masse gélatineuse, on voit très bien, sur tout aux bords de la masse où elle est très étendue, qu'elle est composée de globules rapprochés. Ces globules s'aggrandissent avec le tems et alors on les reconnoit mieux.

## SOUFRE.

*Exper.* 16. Une solution de sulfure de potasse fut précipitée par l'acide muriatique. Les globules, qu'on voyoit au premier moment, ne surpassoient pas un carré, dont le coté étoit de 0,00003 millim. Après huit minutes, les globules étoient devenus si grands, qu'un seul occupoit environ 2—3 carrés et après 45 minutes chacun occupoit 6—8 carrés; aussi paroissoient ils un peu anguleux.

Mr. Fritzsche à dejà fait l'observation, que les globules du soufre sublimé se réunissent et deviennent

merkung gemacht, daß die Kügelchen, welche sich zuerst zeigen, zusammenfließen und größer werden, und daß sie daher flüssig sind.

## Kupfer.

Vers. 17. Eine feine Stahlnadel wurde mit der Spitze in einen Tropfen von schwefelsaurer Kupferauflösung gelegt, und nun unter das Vergrößerungsglas gebracht. Zuerst entstanden kleine Kügelchen, die sich bald vergrößerten, doch ohne sich zu vereinigen; nachher setzten sie sich zweigartig zusammen, und man konnte zwar nicht so deutlich als bei den ganz durchsichtigen Kügeln, aber doch bestimmt genug das Zusammentreten in größere Kugeln erkennen.

Das zweigartige Zusammenfügen der Kugeln, wo die äußersten von der Oberfläche der Nadel weit entfernt waren, zeigt, daß keine bloß chemische Wirkung in der Berührung den Niederschlag hervorbrachte, sondern daß dabei eine feine Materie, vermuthlich Elektricität, wirksam war.

Vers. 18. Eine Auflösung von schwefelsaurem Kupfer wurde durch Schwefelwasserstoffgas niedergeschlagen Der Niederschlag war sogleich in Platten übergegangen, zwischen denen sich Kugeln befanden, die hier und da in größere zusammentraten. An den Rändern der Platten waren die Kugeln, woraus sie bestanden, allerdings zu sehen, wenn auch nur schwach.

Vers. 19. Eine Auflösung von schwefelsaurem Kupfer wurde durch aufgelöstes, kohlensaures Natrum gefällt. Es entstand eine Platte, und zugleich zeigten sich viele kleine Kugeln, die in die Platte überzugehen schienen. Diese Kugeln nahmen hier und da bald sonderbare Gestalten an; zuerst mit einem dunkeln Punkt in der Mitte, dann als eine kugelförmige Anhäufung von mehreren Kugeln, so daß sie den knolligen und gekörn-

plus grands, ce qui prouve, qu'ils sont d'abord dans un état liquide.

## CUIVRE.

*Exper.* 17. J'ai mis la pointe d'une aiquille d'acier dans une goutte d'une solution de sulfate de cuivre, et je l'ai porté tout de suite sous le microscope. L'aiguille se couvroit de petits globules qui devenoient plus grands mais sans se réunir. Après quelque tems ils se mettoient l'un sur l'autre, et l'on voyoit des globules réunis mais pas si distinctement, comme dans les autres expériences.

La formation des touffes ramifiées où il y a des globules éloignés de la surface de l'aiguille, prouve, que l'action chimique n'agit pas seulement au contact, mais aussi dans quelque distance, probablement à l'aide du fluide électrique.

*Exper.* 18. Une solution de sulfate de cuivre fût précipitée par le gas hydrogène sulfûré. Le précipité se réunit tout de suite en plaques parmi lesquelles il y avoit des globules, quelquefois réunis. Aux bords des plaqes on voyoit les globules dont elles étoient composées, mais peu distinctement.

*Exper.* 19. Une solution de carbonate de soude fut ajoutée à une solution de sulfate de cuivre. Il se formait une plaque, avec des globules, qui paroissoient se réunir à la plaque. Ces globules prenoient des formes singulières; d'abord un voyoit un point obscur au milieu, mais après des touffes spheroidales de globules, qui ressembloient à ces formes tubereuses et granuleuses, qu'on voit

ten Gestalten sehr ähnlich waren, unter welchen der Malachit nicht selten vorkommt.

Vers. 20. In eine Auflösung von schwefelsaurem Kupfer wurde eine Auflösung von kaustischem Natrum gegossen. Der Niederschlag zeigte sich sogleich in Platten, die oft gerade Kanten hatten, doch bemerkte man, wenn auch dunkel, große und kleine kugelförmige Massen darin.

Vers. 21. Eine Auflösung von Cyaneisenkalium in eine Auflösung von schwefelsaurem Kupfer getropft, verhielt sich auf eine ähnliche Weise, doch waren die Platten zum Theil viel kleiner.

## Eisen.

Vers. 22. Eine Auflösung von schwefelsaurem Eisenoxyd wurde durch Schwefelwasserstoffgas niedergeschlagen. Der Niederschlag bildete eine farbenspielende Haut auf der Oberfläche. Sogleich untersucht zeigte er Platten, zum Theil mit einer scharfen Kante, aber auch kugelförmige, kleine Theilchen. Fig. 15 a. Nach 4—5 Tagen fanden sich in diesem Niederschlage, bei öfterer Wiederholung des Versuchs, einmal vollkommene Würfel Fig. 15 b., ein anderes Mal, kugelförmige aus Körnern zusammengesetzte Gestalten, und zwischen ihnen eckige Körner, gleichsam aus Würfeln zusammengesetzt. Fig. 15 c. Es ist bekannt, daß die Gestalten des Schwefelkieses in der Natur sich auf eine ähnliche Weise verhalten. Ein Theil des Niederschlages setzte sich bald fest an das Glas und änderte sich dann nicht mehr, sondern zeigte abgeschabt nur sehr kleine Körner. Ein solches Anhängen an das Glas bemerkt man nicht am schwefelsauren Kupfer.

Vers. 23. Eine Auflösung von schwefelsaurem Eisenoxyd wurde durch kohlensaures Ammonium gefällt. Dieser Niederschlag war sehr kleinkörnig, setzte sich aber bald dicht zusammen

souvent au Malachite ou au carbonate d'oxide de cuivre dans l'état fossile.

*Exper.* 20. J'ai ajouté à une solution de sulfate de cuivre une solution de soude pure. Le précipité se réunit tout de suite en plaques, souvent rectilignes, parmi lesquelles on voyoit, quoique moins destinctement des masses globuleuses.

*Exper.* 21. Une solution de cyanure de fer et de kalium fut mélée avec une solution de sulfate de cuivre. On voyoit des globules comme auparavant, mais plus petites.

## FER.

*Exper.* 22. Une solution de sulfate d'oxide de fer fut précipité par le gas hydrogène sulfureux. Le précipité formoit une pellicule irisante à la surface du liquide. Examiné tout de suite il fit voir des plaques rectilignes en partie mais aussi de petits globules f. 15. a. J'ai répeté cette expérience plusiours fois et alors j'ai vu une fois de cubes très parfaits f. 15. b., d'autres fois, de petits globules arrangées en formes sphéroidales et entremelés de cubes composés tels qu'on les voit très souvent parmi les mineraux. Une partie du precipité, qui adhéroit fortement au verre étoit composée de petits globules, qui ne changeoient plus de figure. Cette adhésion n'a pas lieu, si l'on fait un précipité semblable de sulfate de cuivre.

*Exper.* 23. Une solution de sulfate de fer fut mélée avec une solution de carbonate d'ammoniaque. Le précipité étoit composé de petits globules, qui se rappro-

und machte den Anfang zu einer Platte. Dieses Zusammengehen in Platten zeigte sich noch stärker, wenn der Niederschlag durch kaustisches Ammonium geschah, selbst wenn beide Flüssigkeiten heiß waren, doch sah man die Zusammensetzung aus Körnern deutlich.

Vers. 24. Eine Auflösung von schwefelsaurem Eisenoxyd wurde durch phosphorsaures Natrum niedergeschlagen. Deutliche, aber äußerst kleine Kügelchen, die in Platten, doch nicht sehr dichte, zusammengingen, und meistens getrennt blieben. Das phosphorsaure Eisen kommt in der Natur meistens erdig vor.

Noch mehr getrennt bleiben die Kügelchen, wenn das schwefelsaure Eisenoxyd durch Cyaneisenkalium gefällt wurde.

Die Kügelchen waren größer und noch mehr getrennt, wenn der Niederschlag durch Gallustinctur geschah.

Die beiden letzten Verbindungen kommen in der Natur nicht vor.

## Blei.

Vers. 25. Eine Auflösung von neutralem essigsaurem Blei wurde durch Schwefelwasserstoffgas niedergeschlagen. Ein Theil des Niederschlages schwamm oben auf und dieser zeigte Platten, die hier und da mit kleinen Kügelchen gemengt waren. Was auf dem Grunde lag, war aus ziemlich größern Kugeln zusammengesetzt, die deutlich in größere zusammengingen.

Vers. 26. Eine Auflösung von essigsaurem Blei wurde

choient l'un de l'autre pour former des plaques. Ce rapprochement étoit encore plus distinct, si le précipité fut fait en ajoutant de l'ammoniaque pur au sulfate de fer, comme aussi si les solutions fussent mélées à 100°. Alors on voyoit très bien que ces plaques étoient composées de globules.

*Exper.* 24. Une solution de sulfaté d'oxide de fer fut précipitée par une solution de phosphate de soude. Les globules produits par ce mélange étoient tres petits, la plupart séparés mais aussi réunis en plaques peu compactes. On sait, que le phosphate de fer, qui se trouve parmi les mineraux est presque toujours d'une consistance terreuse.

Les globules restoient encore plus séparés l'un de l'autre, si le sulfate de fer étoit précipité par le cyanure de fer et de kalium.

Ces globules étoient plus grands et aussi très séparés, si l'on s'étoit servi d'une infusion de galles faite par l'alcohol.

On sait, que ces dernières combinaisons ne se trouvent pas en état fossile.

## PLOMB.

*Exper.* 25. J'ai fait passer du gaz hydrogène sulfureux dans une solution d'acétate de plomb. Une partie du précipité nageoit à la surface du liquide et celle ci faisoit voir des plaques mélées, comme à l'ordinaire de quelques globules. Le reste tombé au fond, étoit composé de petits globules, qui se réunissoient, pour en faire de plus grands.

*Exper.* 26. Une solution d'acétate de plomb fut me-

durch kohlensaures Ammonium niedergeschlagen. Außer den Kügelchen bildeten sich kleine längliche, zuweilen gebogene Krystalle, deren Zusammensetzung aus an einander gereihten Kugeln sehr deutlich war.

Vers. 27. Eine Auflösung von essigsaurem Blei wurde durch Schwefelsäure niedergeschlagen. Der Niederschlag bestand aus kleinen Kügelchen, die sich hin und wieder zu kleinen, wie es schien prismatischen Krystallen zusammengesetzt hatten, doch waren die Krystalle nicht so häufig, als in dem vorigen Versuche. Schwefelsaures Bleioxyd findet sich nicht so häufig in der Natur als kohlensaures Bleioxyd.

Vers. 28. Eine Auflösung von essigsaurem Blei wurde durch Salzsäure niedergeschlagen. Der Niederschlag bildete sogleich Krystalle von verschiedener Gestalt, lange prismatische, gleichsam ästige und kurze pyramidalische, die zu drei oder vier sich zusammengesetzt hatten. Die langen prismatischen Krystalle bestanden ganz deutlich aus an einander gereihten Kügelchen, die mehr oder weniger von einander unterschieden und in einander übergegangen waren.

Vers. 29. Eine Auflösung von essigsaurem Blei durch phosphorsaures Natrum niedergeschlagen. Der Niederschlag bestand aus kleinen Kügelchen, die hier und da sich in größere oder kleinere Massen vereinigt hatten.

## Zink.

Vers. 30. Eine Auflösung von schwefelsaurem Zink wurde durch Schwefelwasserstoffgas niedergeschlagen. Der Niederschlag bestand aus Kügelchen, die sich an einigen Stellen in plattenförmige Massen zusammengesetzt hatten.

Vers. 31. Eine Auflösung von schwefelsaurem Zink wurde durch kohlensaures Natrum niedergeschlagen. Der Niederschlag

lée avec une solution de carbonate d'ammoniaque. On voyoit des globules et en même tems de petits cristaux longs, quelquefois courbés, et composés de petits globules joints l'un à l'autre.

*Exper.* 27. Une solution d'acétate de plomb fut précipité par l'acide sulfurique. On y voyoit de petits globules, qu' s'étoient arrangés en cristaux prismatiques à ce qu'il paroissoit, mais ces cristaux n'étoitent pas si frequens comme dans l'Exp. 26. aussi le sulfate de plomb se trouve dans une moindre quantité parmi les mineraux, que le carbonate de plomb.

*Exper.* 28. J'ai ajouté quelques gouttes d'acide muriatique (hydrochlorique) à une solution d'acétate de plomb. Le précipité formoit tout de suite des cristaux prismatiques assez longs, arrangés l'un sur l'autre comme en branches et mêlés avec d'autres cristaux en pyramides plus petits combinés à trois et à quatre. Les cristaux prismatiques étoient composés de petits globules arrangés en file, plus ou moins distincts et plus ou moins réunis l'un à l'autre.

*Exper.* 29. Une solution d'acétate de plomb fut précipité par le phosphate de soude. Le précipité consistoit de petits globules qui s'étoient réunis en masses plus ou moins grandes.

## ZINC.

*Exper.* 30. J'ai fait passer du gas hydrogène sulfureux dans une solution de sulfate de zinc. Le précipité étoit composé de globules, réunis dans quelques endroits en plaques.

*Exper.* 31. Une solution de sulfate de zinc fait précipité par le carbonate de soude. Le précipité étoit com-

bestand fast ganz aus größern und kleinern Kügelchen, die mehr oder weniger zusammengeflossen waren.

## Spießglanz.

Vers. 32. Eine Auflösung von Spießglanzweinstein wurde durch Schwefelwasserstoffgas niedergeschlagen. Der Niederschlag bestand aus größern und kleinern Kugeln die sich zum Theil dicht zusammengesetzt, zum Theil aber in Reihen geordnet hatten, gleichsam als wollten sie strahlenförmige Massen bilden, worin das Schwefelspießglanz häufig vorkommt.

## Vegetabilische Stoffe.

Vers. 33. Eine Auflösung von Guajakharz in Weingeist wurde durch Wasser niedergeschlagen. Sogleich untersucht waren die Kügelchen meistens sehr klein und lagen mehr oder weniger dicht zusammen. Nach einigen Minuten waren die Körner größer und mehr zerstreut. Nach einigen Tagen, als die Auflösung eine schöne grüne Farbe angenommen hatte, waren die Kugeln größtentheils sehr groß geworden.

Vers. 34. Kampher in Weingeist aufgelöst wurde durch Wasser niedergeschlagen. Der Niederschlag bestand ganz und gar aus Kügelchen, die meistens groß und auf mancherlei Weise zusammengeflossen waren.

## Folgerungen.

1) Die festen Körper, wenn sie plötzlich oder durch Niederschlag entstehen, zeigen sich in ihrem ersten Zustande als Kügelchen von verschiedener Größe. Sie vereinigen sich nach und nach zu größern Kügelchen, sie fließen zusammen, sind also flüssig und Quecksilberkügelchen sehr ähnlich.

2) In einigen Fällen gehen diese Kügelchen beim Austrock-

posé presqu' entièrement de globules plus ou moins grands, et plus ou moins confondus ensemble.

### ANTIMOINE.

*Exper.* 32. Dans une solution de Tartrate d'antimoine et de potasse j'ai fait passer du gas hydrogène sulfureux. Le précipité étoit composé de globules plus ou moins grands, entassés sans ordre ou arrangés en files, comme pour former des masses fibreuses, tels qu'on les voit ordinairement au sulfure d'antimoine fossile.

### PRODUITS DES VÉGÉTAUX.

*Exper.* 33. La résine de Guajac dissoute dans l'alcohol fut précipité par l'eau. Examiné dans le prémier moment les globules étoient presque tous très petits et rapprochés en masses assez denses; après quelques minutes on les voyoit plus grands et plus dispersés, et après quelques jours, lorsque le précip'té étoit dejà coloré en vert, presque tous les globules étoient devenus plus grands.

*Exper.* 34. Le camphre dissout dans l'alcohol, et précipité par l'eau, étoit composé de globules assez grands, qui s'étoient réunis de differentes manières.

## RESULTATS.

1) Les corps solides, s'ils naissent par une précipitation, font voir dans leur premier état des globules de differente grandeur. Ces globules se réunissent après quelque tems; ils sont par consequent liquides, et semblables aux globules de mercure.

2) Quelquefois ces globules forment une masse solide,

nen ohne besondere Veränderung in eine feste Masse über, die dann im Bruche erdig erscheint, wie die Kreide, da nämlich, wo nicht Ueberreste von kleinen Thieren eingemengt sind. Zuweilen reihen sich diese Kügelchen hier und da an einander, und zwar in solchen Fällen, wo die Körper in ihrem natürlichen Zustande einen faserigen Bruch haben, wie Schwefelspießglanz.

3) In andern Fällen erscheint außer sehr kleinen Kügelchen eine Gallerte, die aber an einigen Stellen sehr deutlich zeigt, daß sie aus ganz kleinen Kügelchen besteht. Beim Erhärten bilden solche Körper eine dichte Masse. Beispiele geben Kieselerde, Bittererde, Alaunerde.

4) In noch andern Fällen erscheinen außer den Kügelchen Platten von unbestimmtem Umriß, die aber ebenfalls an einigen Stellen sehr deutlich zeigen, daß sie aus Kügelchen zusammengesetzt sind. Die Metalloxyde und ihre Verbindungen bilden besonders solche Platten.

5) Die Krystallisation ist eine spätere Erscheinung als die Entstehung der festen Körper selbst, und man trifft immer einen Zustand, wo der Niederschlag sich vorher in Kügelchen zeigt, wenn man nur die Untersuchung schnell genug vornimmt. Die Kügelchen fließen zusammen in größere oder reihen sich an einander und vereinigen sich auf diese Weise, und nun entsteht plötzlich und zuweilen unter den Augen des Beobachters der Krystall, zwar klein, aber sogleich in der ihm eigenen Form. Er vergrößert sich, indem er die Form behält. Die Krystalle ändern auch ihre Gestalt, nachdem sie entstanden sind, wie man beim Kalkspat deutlich sieht; ein Beweis, daß sie im Innern noch flüssig, wenigstens halbflüssig waren. Auf die Verschiedenheit in der Form der Krystalle hat die Temperatur bei demselben Kakkspat großen Einfluß.

sans subir un autre changement; ces masses ont la texture terreuse, comme la craie, là où elle n'est pas mêlée de parties d'animaux fossiles. Quelquefois ces globules s'arrangent en files, pour former des masses fibreuses; c'est ce qui arrive si le corps qu'ils composent, est fibreux dans l'état fossile.

3) Quelque fois il se forme, avec les globules, une masse gélatineuse, qui fait voir dans quelques endroits, qu'elle est composée de très petits globules. Cette masse parfaitement dessechée montre, l'intérieur compact, comme on le voit aux mineraux, dans lesquels entre la terre siliceuse, argilleuse, ou la magnésie.

4) Dans d'autres cas se forment avec les globules des plaques d'une figure indeterminée, mais qui font voir très distinctement dans quelques endroits, qu'ils sont composées de petits globules. Ce sont surtout les combinaisons metalliques qui produisent ces plaques.

5) La cristallisation est un phénomène qui n'existe pas encore, quand les corps solides se forment et on trouve toujours avant la cristallisalion un état, ou le précipité est composé de globules, pourvu qu'on l'examine immédiatement après sa naissance. Les petits globules se confondent, pour en former de plus grands et tout d'un coup, quelquefois sous les yeux de l'observateur, le cristal est formé. Il est encore très petit, mais il a dejà la figure, qui lui est propre. Il s'aggrandit, ordinairement en conservant la même figure. Mais les cristaux changent aussi de figure, còmme on voit au spat calcaire; ce qui prouve, qu'ils étoient encore fluides dans l'intérieur, ou demifluides. La figure des cristaux depend en partie de la temperature.

Es giebt also keine Atome von ursprünglich eckiger Gestalt, und die Krystalle entspringen nicht aus solchen. Die Krystallisation ist eine besondere Eigenschaft einiger Körper, die sie bei ihrer Entstehung noch nicht haben.

Da nun der flüssige Zustand der Körper der ursprüngliche ist, so muß man die Festigkeit der Körper zu erklären suchen.

Il n'y a donc pas des atomes d'une figure angulaire, et les cristaux ne sont pas composés de tels atomes. La cristallisation est une qualité particulière de quelques corps, qu'ils n'ont pas encore au moment de leur naissance.

Comme l'état fluide est l'état originaire des corps, il faut expliquer la solidité.

---

## II.

## Die tropfbar flüssigen Körper sind an ihrer Oberfläche fest, und die Festigkeit eines Körpers entsteht durch die Vermehrung der Oberflächen in ihm.

Die tropfbar flüssigen Körper bilden Tropfen, die, wenn keine Hindernisse zugegen sind, eine vollkommen kuglichte Gestalt annehmen. Auch ihre Oberfläche ist vollkommen horizontal, da, wo sie von allen festen Körpern entfernt ist; man kann sie als ein Stück von der Oberfläche eines Tropfens ansehen, welcher der Erde gleich wäre. Beides kann nur geschehen, wenn die Theile durch den geringsten Druck sich bewegen lassen, ohne durch ihren Zusammenhang zu widerstehen. Und doch ist dieser Zusammenhang nicht gering, wie man sieht, wenn man eine Platte von der Oberfläche eines flüssigen Körpers abreißen will. Es ist nicht die Adhäsion allein, welche hier den Widerstand verursacht, es ist auch der Zusammenhang, denn die Platten werden benetzt abgerissen. Dieses ist ein Widerstand, welcher einer Trennung der Theilchen widersteht. Aber im Innern des Flüssigen, da, wo keine Trennung Statt findet, bewegen sich die Theilchen desselben ganz frei, weil die Wirkungen der anziehenden Kräfte, als von allen Seiten entgegensetzt und gleich, sich aufheben. So ist es nicht an der Oberfläche des Flüssigen; hier

## II.

## LES CORPS LIQUIDES SONT SOLIDES A LEUR SURFACE ET LA SOLIDITE D'UN CORPS EST PRODUITE PAR L'AUGMENTATION DES SURFACES DANS SON INTÉRIEUR.

Les corps liquides forment des gouttes, qui prennent une figure sphérique, s'il n'y a point d'obstacle, qui l'empèche. Aussi leur surface est parfaitement horisontale là où elle est éloignée de tout corps solide; c'est une partie de la surface d'une goutte qui séroit égale à la terre. Tout cela ne peut pas avoir lieu, si les particules du fluide ne cèdent pas à la moindre pression, sans resister par leur cohésion. Cependant cette cohésion est assez grande comme on voit quand on veut arracher des lames de la surface d'un liquide. Ce n'est pas l'adhésion, qui produit seule cette résistance, c'est aussi la cohésion, car les lames se trouvent mouillées après la séparation. Dans l'intérieur des fluides, là où il n'y a point de séparation les particules se meuvent librement et cèdent a la moindre pression, parceque les effets des forces attractives, comme égales et contraires de tous les cotés, se détruisent. Mais ce n'est pas la même chose à la surface d'un corps liquide. Ici les particules ne sont pas attirées également

werden die Theilchen nach entgegengesetzten Seiten nicht gleich stark gezogen, die Wirkungen der anziehenden Kräfte heben sich also nicht auf, und der flüssige Körper widersteht dort durch seinen Zusammenhang mit andern Theilchen. Wenn z. B. die Oberfläche des Wassers sich an der Luft befindet, so werden die Theilchen der Oberfläche stärker vom Wasser nach unten gezogen, als von der Luft nach oben, müssen daher der Bewegung mehr widerstehen, als unter der Oberfläche, wo die Anziehung der Wassertheile nach unten, durch die Wassertheile nach oben aufgehoben wird. Der tropfbar flüssige Körper ist daher an seiner Oberfläche gleichsam mit einem Häutchen überzogen, einem festen Körper. Dieses ist bloß Theorie, welche aber durch Versuche muß bewiesen werden.

Vers. 1. Eine feine Nähnadel von Stahl oder Messing schwimmt auf dem Wasser, ungeachtet ihr specifisches Gewicht größer ist, als das specifische Gewicht des Wassers. Sie macht dabei einen Eindruck, eine Vertiefung, als läge sie auf einer gespannten Haut. Die Nadel kann starke Erschütterungen ertragen, ohne zu sinken, bringt man sie aber unter die Oberfläche, so sinkt sie sogleich unter.

Indem die Nadel sinkt, muß sie das Wasser umher über die Oberfläche erheben. Dieß würde leicht geschehen, wenn die Theilchen an der Oberfläche eben so stark nach oben gezogen würden, als nach unten; da dieses aber der Fall an der Oberfläche nicht ist, so muß einige Kraft verwandt werden, um die Theilchen an der Oberfläche zu erheben und die Haut zu zerreißen.

Dieser Versuch ist schon lange bekannt und kann mit vielen andern kleinen Körpern angestellt werden, die specifisch schwerer sind als Wasser. Auch wird er in allen Lehrbüchern der Physik angeführt, und gewöhnlich dadurch erklärt, daß man sagt,

de deux cotés opposées; les effets des forces attractives ne se détruisent pas, et les corps fluides y résistent par la cohésion des particules. Si p. e. la surface de l'eau est exposée à l'air, les particules y sont plus attirées en bas par l'eau, qu'en haut par l'air; elles résistent donc plus au mouvement, que sous la surface, où les effets de l'attraction d'en bas sont detruits par ceux d'en haut. Le corps liquide est donc couvert à la surface quasi d'une pellicule et c'est par là, que la solidité commence. Mais il faut prouver cette théorie par l'expérience.

*Exper.* 1. Une aiguille d'acier où de laiton assez fine nage à la surface de l'eau quoique la pésanteur spécifique du métal soit plus grande que celle de l'eau. Elle fait en nageant une impression à l'eau, comme la font les corps couchés sur une peau tendue. L'aiguille peut supporter de fortes-secousses sans aller à fond, mais aussitôt qu'on la mets tant soit peu sous la surface elle n'est plus soustenue par l'eau.

L'aiguille en coulant à fond doit élever l'eau à coté. Cela se fait très facilement, si les particules de l'eau sont tirées avec la même force en haut, qu'en bas. Mais comme cela n'est pas le cas à la surface, il faut plus de force pour y élever les particules de l'eau, et pour dechirer la peau, qui la couvre.

Cette expérience est connue depuis long tems; elle réussit avec beaucoup d'autres petits corps plus graves que l'eau. On la cite dans presque tous les livres élémentaires de la Physique et on l'explique par une couche d'air, qu'on

der specifisch schwerere Körper schwimme vermittelst einer Luftschicht, die dicht daran hänge. Um dieses zu untersuchen, wurden die beiden folgenden Versuche angestellt.

Vers. 2. Eine auf Wasser schwimmende Stahlnadel wurde in einem Gefäße unter eine Luftpumpe gestellt, und die Luft bis auf einen Zoll Barometerhöhe ausgepumpt. Es stiegen viele Luftblasen auf, die sich an die Nadel anhingen, auch zerplatzten; aber ungeachtet starke Erschütterungen angebracht wurden, sank doch die Nadel nicht unter.

Vers. 3. Wasser wurde in einem Gefäße anhaltend gekocht, und als es eben so weit abgekühlt war, daß es eine Stahlnadel tragen konnte, unter die Luftpumpe gestellt und die Luft rasch ausgepumpt. Die Nadel blieb schwimmend, und ungeachtet starke Erschütterungen angebracht wurden, sank sie doch nicht unter. — Eine anhängende Luftschicht ist also nicht die Ursache des Schwimmens.

Man hat gesagt, daß eine Stahlnadel auf Alkohol (Spiritus vini rectificatissimus) gelegt, darum u tersinrke, weil die beständige Ausdünstung des Alkohols die anhängemde Luft vertreibe. Allerdings sinkt eine Nadel unter, aber dünnere Körper schwimmen.

Vers. 4. Man schneide ein dreieckiges Stück von Stanniol und biege es an der Spitze etwas um, damit man es mit einer kleinen Zange fassen könne, und lege es behutsam auf Alkohol. Das Stückchen wird schwimmen, und dann erträgt es starke Stöße, ehe es untersinkt.

Vers. 5. Eben so schwimmt auch ein Stanniolblättchen auf Aether, doch schwerer, auch erträgt es kein Stoßen, sondern sinkt bald unter.

Diese Versuche beweisen also, daß die tropfbar flüssigen

dit adhèrer fortement au corps et la faire nager. Pour savoir si l'explication est juste, j'ai fait les expériences suivantes.

*Exper.* 2. Une aiguille d'acier, qui nageoit sur l'eau, fut mise sous le récipient d'une machine pneumatique et l'air pompé jusqu'à ce qui ne soutenoit qu'une colonne d'air d'une pouce. L'air se degageoit de l'eau en petites bulles, qui adhéroient à l'aiguille et crévoient enfin, mais l'aiguille n'allait pus à fond, malgré les secousses qu'on faisoit à la machine.

*Exper.* 3. De l'eau, qu'on avoit fait bouillir assez long tems et plus refroidir, jusqu'à ce qu'elle portoit une aiguille fut mise sous le récipient d'une machine pneumatique ét l'air pompé très vîte. L'aiguille continuoit de nager, malgré les secousses qu'on faisoit, comme auparavant. — Ce n'est donc pas une couche d'air adhérente à l'aiguille, qui la fuit nager sur l'eau.

On a dit, qu'une aiguille va à fond dans l'alcohol, parceque la couche d'air est chassée par l'évaporation de l'alcohol. Il est vrai, qu'une aiguille va à fond, mais des corps minces y nagent.

*Exper.* 4. Q'on coupe un morceau triangulaire d'une feuille d'étain, qu'on la courbe un peu à la pointe, afin qu'on la puisse prendre par une pincette, et qu'on la mette sur l'alcohol. Le morceau nagera et supportera même des secousses, sans couler à fond.

*Exper.* 5. Un morceau d'une feuille d'étain nagera de la même manière sur l'éther mais plus difficilement, et il ne supporte point de secousses.

Ces expériences prouvent, que les corps liquides sont

Körper an der Oberfläche fest sind. Man darf daher nur die Oberflächen vermehren, um einen völlig festen Körper zu haben. Ein aus sehr dünnen Blättchen oder Fasern zusammengesetzter Körper ist ein fester Körper.

Das Innere der Blättchen und der Fasern bleibt noch immer flüssig, und wirklich haben wir auch gesehen, daß schon gebildete Krystalle sich noch verändern, nachdem sie gebildet sind, welches nicht geschehen könnte, wenn sie im Innern fest wären.

Aber was hält die Blättchen oder Fasern der Körper aus einander, daß sie sich nicht unmittelbar berühren? Denn sobald dieses geschieht, wird auch die Flüssigkeit wieder hergestellt. Hier können drei Mittel Statt finden. Erstlich das Kreuzen der Fasern und Blättchen, wodurch sie von einander gehalten werden, welches wir in den Krystallen wirklich antreffen, und welches man den Durchgang der Blätter genannt hat. Zweitens können die Fasern und Blättchen auch durch die Ungleichheiten ihrer Oberfläche aus einander gehalten werden. Drittens giebt es auch manche Stoffe, welche die Blättchen aus einander halten können, worunter besonders der Wärmestoff gehört, welcher, wie wir gesehen haben, den kleinen Kügelchen, woraus die Fasern gebildet werden, ihre bestimmte Richtung giebt.

solides à leur surface. On n'a donc qu'à multiplier les surfaces, pour avoir un corps entièrement solide et tout corps composé de lames ou de fibres tres minces sera un corps solide.

L'intérieur de ces lames ou fibres reste probablement toujours fluide, et nous avons vu que des cristaux ont changé de forme, après qu'ils étoient nés, ce qui ne pourroient pas se faire, s'ils étoient tout à fait solides dans l'intérieur.

Mais qu'est ce qui rétient les lames ou les fibres, de manière qu'elles ne se touchent pas immédiatement? Car aussitôt, qu'elles se touchent exactement, la fluidité sera restituée. Les lames ou les fibres pourront être rétenues de trois manières. 1°. Les lames ou les fibres se croisent, ce qui les empèche de se rapprocher l'une de l'autre. L'intérieur des cristaux fait voir tres souvent des lames croisées, ou traversées d'autres lames, quelquefois en plusieurs directions. 2°. Les inégalités de la surface de ces lames ou fibres peuvent encore les empêcher de se toucher entièrement. 3°. Enfin il y a plusieurs matières, qui peuvent se mettre entre les lames et les fibres et les éloigner l'une de l'autre. Parmi ces matières le calorique paroit occuper le premier rang, parce qu'il donne la direction determinée aux petits globules dont les fibres sont composées, comme nous avons vu.

## III.

## Die Vermehrung der Oberflächen im Innern der Körper, und folglich die Festigkeit derselben wird durch das Entweichen des Wärmestoff's bei ihrem Entstehen hervorgebracht.

Der Wärmestoff entweicht entweder strahlend oder nach und nach. Wir wollen zuerst von der strahlenden Entweichung reden.

In diesem Falle legen sich die Kügelchen der Körper in geraden Linien an einander, und bilden Fasern. Den einfachsten Fall sehen wir an dem Gefrieren des Wassers. Es entsteht nur, wenn der Wärmestoff entweicht, wo sich dann die Fasern in Winkeln von 30 oder 60 Grad an eine Axe legen. Dieses ist der Anfang einer Krystallisation. Bei der vollkommenen Krystallisation legen sich Fasern von regelmäßig abnehmender Größe an drei sich kreuzende Axen von gleicher oder verschiedener Länge, unter bestimmten Winkeln, indem die Zwischenräume durch Querfasern ausgefüllt werden. Der Grund dieser Erscheinung ist eines der Geheimnisse der Natur, welches noch nicht enthüllt ist.

Bei diesem Entweichen des Wärmestoffs entsteht vermuthlich eine Polarität der Materie oder des Wärmestoffs. Denn ohne diese Annahme läßt sich das Drehen der Körper nicht erklären. Warum bewegt sich der eine Arm eines Hebels aufwärts,

## III.

## L'AUGMENTATION DES SURFACES DANS L'INTÉRIEUR DES CORPS ET PAR CONSEQUENT LA SOLIDITÉ EST PRODUITE PAR L'ECHAPPEMENT DU CALORIQUE A LEUR NAISSANCE.

---

Le calorique échappe ou en rayonnant ou peu à peu. Nous parlerons d'abord du rayonnement du calorique.

Dans ce cas là les globules des corps se rangent en lignes droites et forment des fibres. Le cas le plus simple se fait voir, quand l'eau gèle. Le calorique échappe; des fibres se forment, dont l'une fait l'axe et les autres s'y appliquent sous angles de 30 ou 60 degrés. C'est le commencement d'une cristallisation. Si la cristallisation est parfaite, des fibres d'une grandeur régulièrement diminuée se rangent sur trois axes qui se croisent, sous angles reglés, pendant que les interstices sont remplis par des fibres transversales. Ces axes ou sont égales ou de différentes longueurs. Les causes de ce phénomène ne sont pas connues, c'est un sécret de la Nature, qui n'est pas encore dévoilé.

Cet échappement du calorique doit produire une espèce de polarisation ou du calorique ou de la matière même. Car sans cela on ne peut pas expliquer comment

wenn der andere sich unterwärts bewegt? Die Anziehung allein und Zurückstoßung allein bringen die Körper nicht zum Drehen, wohl aber, wenn beide sich vereinigen, wie wir bei der Polarität sehen. Die Theorie des Hebels setzt voraus, daß der Hebel eine gerade Linie macht, und daß diese Linie bei allen Veränderungen der Lage eine gerade bleibt, aber dieses ist eine Voraussetzung, keine Erklärung. Auch folgt das Drehen nicht aus andern Grundsätzen der Mechanik. Eine Kraft P wirke unter einem rechten Winkel auf eine feste Linie bei m, eine andere parallele in entgegengesetzter Richtung bei n, die Resultante R treffe diese Linie in irgend einem Punkte O, so ist nach den Grundsätzen der Statik $P : R : Q = nO : mn : mO$, das Verhältniß $P : R = nO : mn$ giebt, wenn $Q > P$, und $R = Q - P$, $nO = \frac{P}{P-Q}\, mn$. Für $Q = P$ wird die Resultante $= 0$ und mn unendlich. Es geschieht also in diesem Falle keine Bewegung. Das ist aber ganz gegen die Erfahrung; es geschieht ein Drehen, welches aus ganz andern Gründen abzuleiten ist.

Wenn der Wärmestoff nach und nach entweicht, so ordnen sich die Kügelchen auf eine verschiedene Weise zusammen, entweder in einer Ebene und dann bilden sich Platten, oder sie häufen sich auf einander in verschiedenen Ebenen, und dann entstehen Körper von ungleichem Bruch. Ueberall wird man im Innern dieser Körper Kügelchen finden, die in gerader Linie liegen. In diesen geraden Linien muß man Polaritäten annehmen, um das Drehen zu erklären.

Damit ein Körper vollkommen flüssig sei, müssen die Theilchen einen gleichen Grad des Zusammenhanges haben; sie müssen sich von allen Seiten gleich anziehen. Finden sich Theilchen von stärkerem Zusammenhang darunter, so werden die Körper

un corps se tourne. Pourquoi l'un des bras d'un lévier monte, quand l'autre descend? L'attraction seule ou la repulsion seule ne peut pas faire tourner les corps, il faut que l'attraction et la repulsion se combinent pour produire cet effet, comme on le voit dans la polarité des corps. La théorie du lévier suppose, que le lévier fasse une ligne droite, et que cette ligne reste droite dans tous les changemens de la position; mais c'est une supposition ce n'est pas une explication. On ne peut pas non plus déduire des autres principes de Mécanique la qualité des corps solides d'ètre tournés. Soit une force $P$ appliquée au point $m$ d'une ligne droite, pour la mettre en mouvement, soit encore une autre force $Q$ parallèle mais contraire appliquée au point $n$, et la resultante $R$ tombe sur la même ligne à un point quelconque $O$, on aura d'après les principes de la Statique $P : R : Q = no : mn : mO$. La proportion $P : R = nO : mn$ donne, si $Q > P$ et $R = Q - P$, $nO = \frac{P}{Q-P} mn$. Si $Q = P$, $n0$ séra égale à Zero, et la ligne $mn$ infinie. Ainsi il n'y aura point de mouvement dans ce cas là. Mais c'est tout à fait contre l'expérience; il y aura mouvement et la ligne se tournera, ce qui doit être déduit d'un autre principe.

Si le calorique échappe peu à peu, les globules s'arrangent de différentes manières, ou dans un plan et alors ils forment des plaques, ou ils s'entassent l'un sur l'autre dans différens plans et alors ils forment des corps d'une texture inégale. Partout dans l'intérieur de ces corps on trouvera des globules arrangés en lignes droites. Il faut supposer des polarisations suivant ces lignes, pour expli-

halb flüssig. Sie bestehen aus festen Körpern, die in flüssigen schwimmen.

Die organischen Körper haben einen ganz andern Ursprung, als die unorganischen. Sie bestehen aus Zellen oder Röhren, ursprünglich kürzeren oder längeren Blasen, und diese bilden sich wie Seifenblasen, indem ein gasförmiger Körper innerhalb eines flüssigen oder halbflüssigen sich entwickelt. Indem also der Mittelpunkt der Entstehung eines unorganischen Körpers in die Mitte eines tropfbaren Körpers fällt, müssen wir den Mittelpunkt eines organischen Körpers in die Mitte eines gasförmigen Körpers setzen.

quer la qualité de tous les corps solides qu'ils puissent être tournés.

Dans un corps parfaitement fluide il faut que les molécules s'attirent également de tous les cotés, c'est à dire, que le degré de cohésion soit par tout le même. S'il y a des molécules d'une cohésion plus forte parmi des autres d'une cohésion égale les corps seront démifluides. Ils sont composés des corps solides qui nagent dans un corps parfaitement fluide.

Les corps organisés ont une autre origine que les corps inorganisés. Ceux là sont composés de cellules et de tubes, originairement de vésicules plus ou moins longues, qui se forment, quand un corps gaseux se dèveloppe au milieu d'un corps liquide ou démiliquide, comme les bulles de savon. Si le centre du développement tombe au milieu d'un liquide, il se formera un corps inorganisé au lieu qu'on corps organisé sera formé si le centre du développement tombe au milieu d'un corps gaseux.

Gedruckt bei Julius Sittenfeld in Berlin.
Burgstraße No. 25.

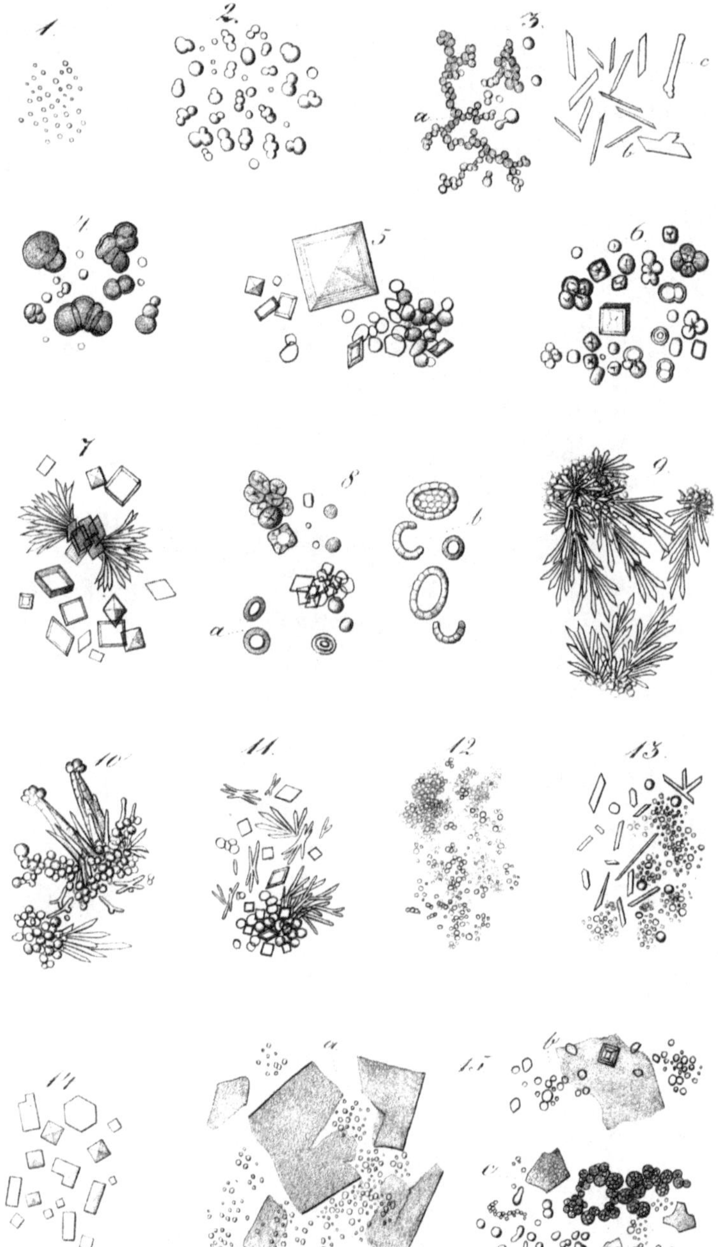

Gez. u. lith. v. O. F. Schmidt.

FSC
www.fsc.org
MIX
Papier | Fördert
gute Waldnutzung
FSC® C083411

Zeitfracht Medien GmbH
Ferdinand-Jühlke-Straße 7
99095 Erfurt, Deutschland
produktsicherheit@kolibri360.de